¡Hola, aviones de combate!

AVIONES DE COMBATE

LAURA K. MURRAY

CREATIVE EDUCATION | CREATIVE PAPERBACKS

¿POR QUÉ ESTOY
TAN ENOJADO?

tabla de contenido

Publicado por Creative Education y Creative Paperbacks
P.O. Box 227, Mankato, Minnesota 56002
Creative Education y Creative Paperbacks
son sellos editoriales de The Creative Company
www.thecreativecompany.us

Diseño de Wyeth Morgan
Dirección artística de Blue Design (www.bluedes.com)

Imágenes de Dreamstime/Brett Critchley, 3, 20–21, Joyfull, 24, Trosamange, 6–7, Yaro75, 10–11; Getty Images/Don Farrall, 2, Giovanni Colla/Stocktrek Images, 14–15, Stocktrek Images, 13; Pexels/Brett Sayles, 4, Jesús Esteban San José, 18–19, Kimheng Mam, 8–9; Unsplash/Simon Fitall, 17, Tom Photography, 16, UX Gun, portada (centro); Wikimedia Commons/Airman 1st Class Alexander Cook/U.S. Air Force, 1, Pearson Scott Foresman, portada (izquierda), Staff Sergeant Jeffrey Allen, portada (derecha), USAF Tech. Sgt. Jerilyn Quintanilla/U.S. Air Force, 23

Library of Congress Cataloging-in-Publication Data
Names: Murray, Laura K., 1989- author.
Title: Aviones de combate / by Laura K. Murray.
Other titles: Fighter jets. Spanish
Description: Mankato, Minnesota : Creative Education and Creative Paperbacks, [2026] | Series: Maravillas | Includes index. | Audience: Ages 4-7 | Audience: Grades K-1 | Summary: "An engine-revving introduction to fighter jets, this transportation book for beginning readers features eye-catching photographs, humorous captions, and basic facts about the fast-flying military airplanes. This Spanish text includes a labeled vehicle guide, glossary, and index"– Provided by publisher.
Identifiers: LCCN 2024053440 (print) | LCCN 2024053441 (ebook) | ISBN 9798889898757 (library binding) | ISBN 9781682779156 (paperback) | ISBN 9798889899549 (ebook)
Subjects: LCSH: Jet fighter planes–Juvenile literature. | Fighter planes–Juvenile literature. | CYAC: Fighter planes.
Classification: LCC UG1242.F5 M86718 20263 (print) | LCC UG1242.F5 (ebook) | DDC 623.74/644–dc23/eng/20241226
LC record available at https://lccn.loc.gov/2024053440
LC ebook record available at https://lccn.loc.gov/2024053441

Impreso en la India

Los aviones de combate rápidos son aviones militares, luchan contra otros aviones.

¡ME LLAMAN
EL JABALÍ!

Dos alas sobresalen del cuerpo de un avión de combate. La parte trasera del avión se llama cola.

Los aviones de combate tienen cañones y otras armas. algunas de ellas se encuentran bajo las alas.

LAS ARMAS SE UTILIZAN PARA LUCHAR CONTRA OTROS AVIONES.

Un piloto vuela un avión de combate. A veces, un artillero dispara las armas.

MI CABEZA SE SIENTE RARA.

LOS AVIONES DE COMBATE HACEN MUCHO RUIDO.

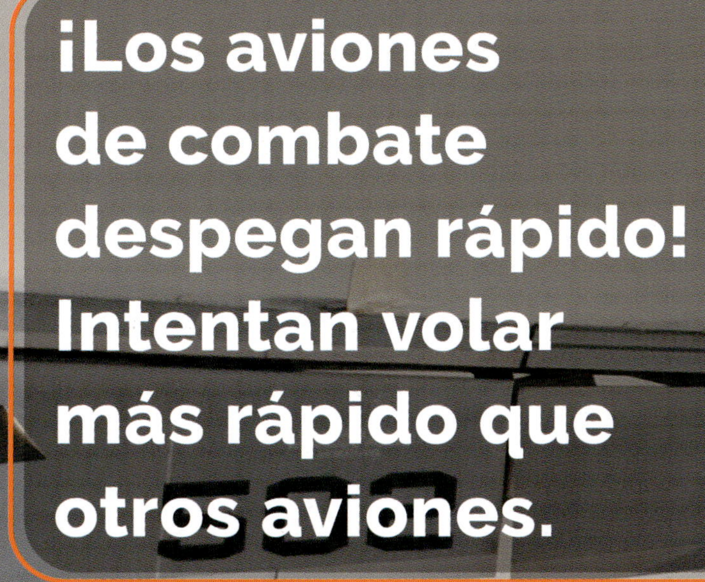

¡Los aviones de combate despegan rápido! Intentan volar más rápido que otros aviones.

Un avión de combate vuela por el aire. Gira y se lanza en picada. Dispara a los **objetivos**.

¡Adiós, aviones de combate!

¡ABRÓCHATE
EL CINTURÓN Y
VAMOS!
DANGER
EJECTION SEAT AND CANOPY
DANGER
DANGER
CANOPY OPEN
CANOPY EXTERNAL
MANUAL OPENING
RECEPTACLE
WARNING

[Imagina un avión de combate]

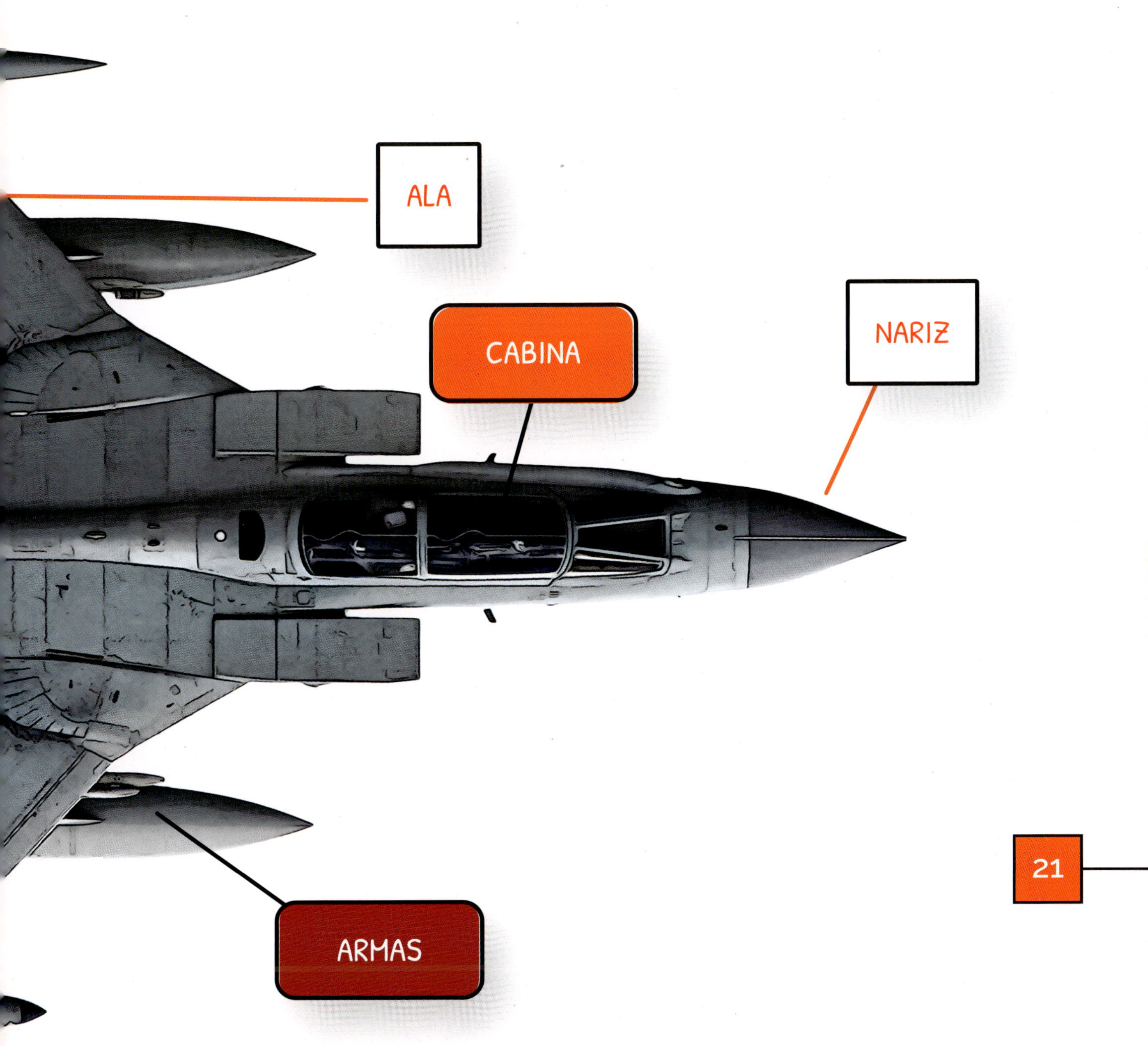
ALA
CABINA
NARIZ
ARMAS

PALABRAS QUE DEBES CONOCER

arma: algo que se usa para proteger o herir a otros, como una pistola o una bomba

cuerpo: la parte principal de algo

objetivo: un avión, edificio u otro objeto al que se dispara

piloto: la persona encargada de volar un avión de combate

ÍNDICE ALFABÉTICO